血脈相連一家人 | 台北、香港、澳門

檀傳寶◎主編　王小飛◎編著

中華教育

炫彩澳門塔

新葡京酒店

澳門名片「大三巴」

媽祖·MACAU

目 錄

　　看看這張奇妙的地圖，我們能看到台灣的小吃街、台北101大樓、台北故宮博物院、維港的帆船、香港島的霓虹閃爍、澳門媽祖廟閣、澳門塔……還能看到甚麼呢？

寶島皇冠——台北

舌尖上的不夜城

在中國大陸，許多年輕人非常喜歡珍珠奶茶等台灣地區傳來的美食。

只要你到訪台北，那琳琅滿目的台灣小吃一定能讓你大快朵頤！不管是新竹的貢丸、台南的鼎邊趖（粵：梳｜普：suō），還是員林的肉丸，都可以在台北吃到。台北小吃的特色，在於它的美味可口，更在於它的種類繁多。

以前，台灣先民為了生計，需要長時間在台灣的山林間開墾、勞作。當時的農耕十分辛苦，非常耗費時間、體力。於是就有生意人擔挑各種小吃到田邊、山裏供開墾者食用。用小吃充飢既節省時間，又經濟實惠，因此廣受歡迎。

▼鼎邊趖

擔挑美食▶

▼寧夏夜市著名小吃蚵仔煎

台灣小吃分為兩類：一類指發源於台灣的小吃，另一類是來自大陸的、在台灣廣受歡迎的特色小吃，如生煎包、蚵仔煎等。

台北的市民喜歡逛夜市,許多小吃攤會營業到很晚,甚至徹夜經營。台北「不夜城」的稱呼因此得名。

▲本地人的最愛:饒河街夜市

台北夜市逛個夠

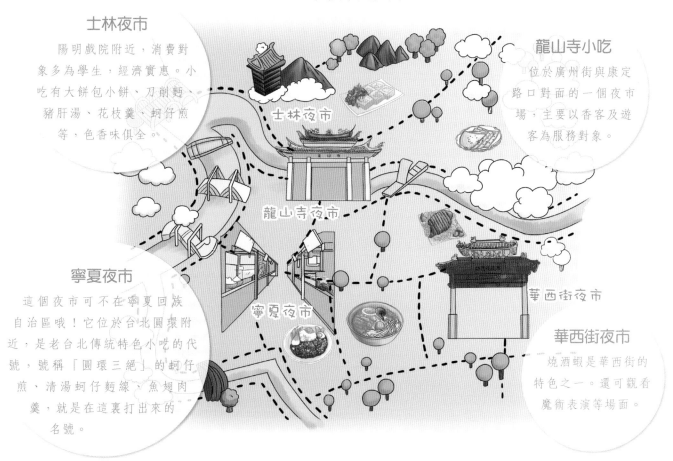

士林夜市

陽明戲院附近,消費對象多為學生,經濟實惠。小吃有大餅包小餅、刀削麵、豬肝湯、花枝羹、蚵仔煎等,色香味俱全。

龍山寺小吃

位於廣州街與康定路口對面的一個夜市場,主要以香客及遊客為服務對象。

寧夏夜市

這個夜市可不在寧夏回族自治區哦!它位於台北圓環附近,是老台北傳統特色小吃的代號,號稱「圓環三絕」的蚵仔煎、清湯蚵仔麵線、魚翅肉羹,就是在這裏打出來的名號。

華西街夜市

燒酒蝦是華西街的特色之一。還可觀看魔術表演等場面。

除了夜市,還有許多獨具特色的小吃等着你呢!比如武昌街的賽門甜不辣、新公園西側出入口外的公園號酸梅湯、中山堂附近的雪王冰淇淋等,都是叫好又叫座!

台北有你「家」

台北的街道名非常有意思，打開地圖仔細看，也許會發現自己家鄉的地名或街道名赫然在列哦！

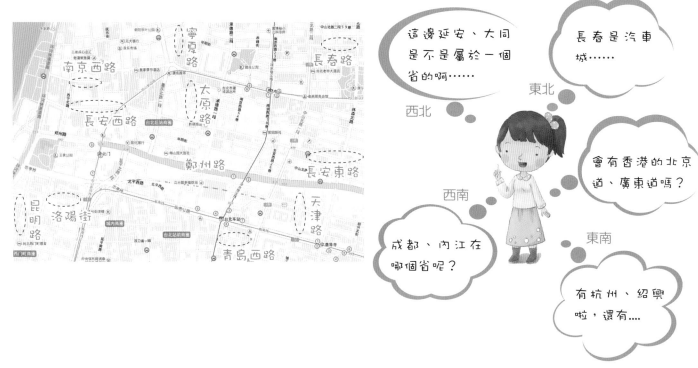

西北　東北

這邊延安、大同是不是屬於一個省的啊……

長春是汽車城……

會有香港的北京道、廣東道嗎？

成都、內江在哪個省呢？

西南　東南

有杭州、紹興啦，還有....

▼ 從曾經的世界第一高樓台北101大樓（509.2m）上可以俯視台北盆地的完整面貌

在台北地圖上，南北走向的中山路、東西走向的忠孝路交叉形成一個大的十字坐標，分出上下左右四大塊。仔細觀察，你會發現，左上那一區的街道，都以中國地理上的西北城市為名，而左下、右上、右下則基本對應中國版圖上位於西南、東北、東南的城市名。

1895 年，清政府與日本簽訂了不平等條約——《馬關條約》，被迫割讓台灣島及附屬島嶼、澎湖列島等中國領土。抗戰勝利後，為了清除日本的影響，國民政府全面更改了台北市的街道名稱，就有了現在以城市命名的街道。

台北街道改名的由來

1945年11月17日，國民政府頒佈了《台灣省各縣市街道名稱改正辦法》，要求各地方政府在兩個月內把紀念日本人物、宣揚日本國威的街道名改正。辦法明定以省份、大都市、城市、史跡、名山、大川命名，應參照我國版圖相當位置取名。新命名的最高指導原則，就是要「發揚中華民族精神」。1947年，建築師鄭定邦按照家鄉上海街道的中國河山佈局特徵，為台北街道做了命名。

台北故宮博物院裏的寶藏

台北也有座故宮博物院。這是怎麼回事呢？

原來 1949 年國民黨政權自大陸退守台灣時，攜走大量故宮收藏的文物，並在 1962—1965 年間建成了台北故宮博物院。因此，這裏的藏品非常寶貴和豐富！

▼毛公鼎

▼東坡肉形石

◄翠玉白菜

2011 年 8 月，浙江省博物館和台北故宮博物院聯合在台北推出了「山水合璧——黃公望《富春山居圖》特展」，被分為兩段的《富春山居圖》終於合體。

半幅《富春山居圖》，也是台北故宮博物院鎮館之寶。該作品始畫於元至正七年（1347），於至正十年（1350）完成，是元代著名書畫家黃公望的一幅名作。

台北故宮博物院及其寶物

台北故宮博物院始建於1962年，佔地面積1.03萬平方米，共4層，白牆綠瓦。院前廣場聳立由6根石柱組成的牌坊。

其藏品包括清代北京故宮、瀋陽故宮和原熱河行宮等處舊藏之精華，以及海內外各界人士捐贈的文物精品，共約70萬件，包括書法、古畫等品類。

傳世寶物——《富春山居圖》

明末年富春山居圖傳到收藏家吳洪裕手中，吳極為喜愛此畫，臨死前下令將此畫焚燒殉葬，被他姪子從火中救出，但此時畫已被燒成一大一小兩段。較長的後段稱無用師卷，現藏於台北故宮博物院。較短的前段稱剩山圖，現收藏於浙江省博物館。2011 年 6 月，《富春山居圖》在台北故宮博物院聯合展出。兩段名畫的「合璧」，體現了兩岸人民對中華文化的認同。

凱達格蘭大道

在台北諸多路名中，要以凱達格蘭大道這個名字最為奇特。這條寬闊的大道，位於台北市中心，位置非常顯要。

▼凱達格蘭大道

在台北地圖中，除了各省地名，我們還可以找到以「忠孝仁愛、信義和平」命名的道路（忠孝路、仁愛路等）、以孫中山及三民主義命名的道路（中山路、民生路等）。當然，少數日本侵略時期命名的街道名稱也仍然存在，如西門町、太平町等。

中山路
民生路

仁愛路
忠孝路

▲熱鬧的忠孝東路口

▲台北民生路

▲台北仁愛路

▲台北中山路

凱達格蘭人

　　凱達格蘭大道原名介壽路，據說改名是為了紀念台北的先民。

　　「凱達格蘭人」是台北的先民和墾荒者之一。據說，凱達格蘭人的祖先生活在南太平洋一個名叫「珊納賽」（Sanasai）的島嶼上。為了躲避妖怪，他們離開家鄉，移居到台北盆地。如今凱達格蘭人早已與漢民族融合在一起了。

▲ 凱達格蘭人

▼ 凱達格蘭文化館

▲ 凱達格蘭人的服飾

▲ 泰雅文化館

▼ 阿美人豐年祭表演

你還知道台灣有哪些少數民族文化館呢？調查一下吧。

跟隨捷運出發

背上行囊，從凱達格蘭大道附近的台北車站或台大醫院捷運（即「地鐵」）站出發，買一張捷運車票，你就可以開始一段奇妙的台北之旅了！

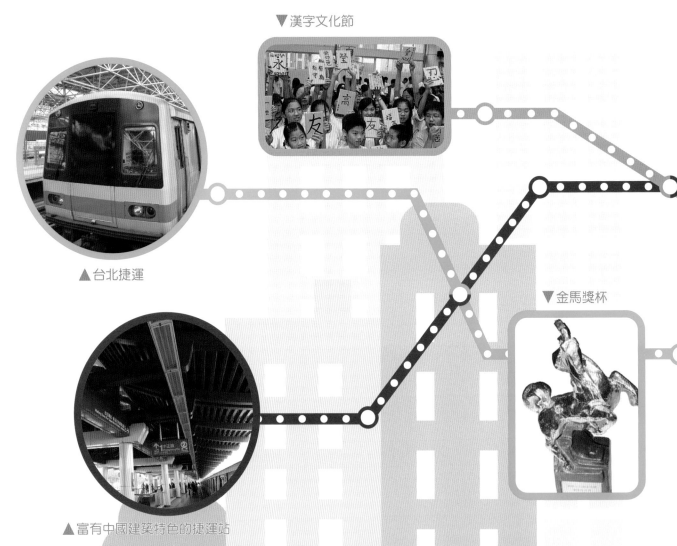

▼ 漢字文化節

▲ 台北捷運

▼ 金馬獎杯

▲ 富有中國建築特色的捷運站

來到台北，一定要體味台北的時尚：首先，乘坐世界最快速度的 101 大樓觀光電梯。之後前往台北最時尚潮流、年輕人最集聚的地區——西門町。你還可以去誠品書店，在喧鬧中找尋寧靜，體驗閱讀、淘書的樂趣……

運氣好的話，在台北街頭，說不定還能與金馬獎得獎影星們合影呢！

西門町

　　捷運交匯點——西門町有「小新宿」（新宿是日本東京的鬧市區）之稱。入夜特別是周末，這裏會變成不准車輛通行的步行區，幾條街道霓虹閃爍，被遊人擠得水泄不通。這裏是年輕人度假的好去處，人們來這裏可以選購各種美食、潮流服飾、小配件、唱片……

▲ 西門町

▲ 日本東京新宿

▲ 誠品書店

▲ 101大樓燃放煙花迎新年

東方明珠——香港

如果乘坐飛機，從台北起飛，一個多小時即可抵達東方明珠——香港。

香港，依山傍海，風光迷人，是山海之間一道最亮麗的風景。

香港，風姿綽約，活力十足，是舉世聞名的國際金融中心、航運中心、貿易中心。

黃大仙成仙記

遊覽香港，不妨從黃大仙開始——

大仙浙江來

在香港九龍，有一座香火十分旺盛的中國式道教寺廟——黃大仙廟（也叫黃大仙祠，原名嗇色園）。黃大仙廟終年遊人如織、香火不斷。因為在許多香港人眼裏，黃大仙廟可是個「有求必應」，而且具有香港味道的地方！不過，許多人並不知道，黃大仙並非本地人，而是來自遙遠的浙江蘭溪。

關於黃大仙，有一段起源於東晉的美麗傳說——

1. 黃初平與哥哥自小父母雙亡，靠放羊維持生活。

2. 長大後，被仙人指引來到金華山修行，並在此山得道成仙。

3. 黃初平法力高強，可以「叱石為羊」。

4. 他苦練修道、懲惡助善的故事也廣為流傳。

5. 傳說他之後遷港居住。

6. 現在在蘭溪、金華等地還留有黃大仙故居，在港澳地區及東南亞國家，還有供奉大仙的道觀，香火旺盛，經年不衰。

黃大仙祠紅色柱子、金色屋頂、藍楣黃格的外觀，格外引人注目，是中國傳統寺廟建築的典型代表。

供奉畫像而非雕像，是 ▶
香港寺廟一大特色

▼ 你知道黃大仙祠供奉了哪三家神靈嗎

太平山頂看維港

攀登港島之巔

　　太平山頂海拔 554 米，是香港島之巔，也是俯瞰維多利亞港乃至整個港島景色的最佳地點，通常是外地來港遊客遊覽香港的熱門地點。白天和夜晚的山頂，風景大不相同。在繁華的國際化都市中登山，別有一番感受。你準備好了嗎？

　　你可以乘坐地鐵去中環，再選擇登山方式：

山頂觀光纜車，八分鐘即到，下車時倒着坐，有點「危險」。

新巴、小巴，較為便捷，但乘坐的時間長。

乘坐雙層觀光巴士，可欣賞沿途風光，但後面仍需要乘坐纜車。

步行，健康、綠色環保，但耗時較長。

15

太平山山腳下則是香港繁華的商業街區——中環和上環。到太平山頂，最好選擇近黃昏的時候，這樣既能觀賞到白天的城市景觀，又可以靜待夜幕低垂時，整個城市瞬間變幻的一刻。東方之珠在此刻向你綻放其無窮的魅力。

山頂纜車「大事記」

山頂纜車是香港百年歷史的見證：

1888年：蒸汽推動纜車建成啟用，首年客流量15萬人次；

1908年：車廂預留前兩個座位為港督專座；

1926年：改為電力推動纜車；

1949年：取消專座；

1959年：62座的全金屬纜車車廂正式投入使用；

今天：年客流量超過400萬。

▼ 從太平山上可俯瞰整個香港

維港風光這邊獨好

登頂之後，欣賞風景的最佳地點和角度，當然是在香港最高的 360 度觀景台——凌霄閣摩天台。從山頂眺望維多利亞港，壯觀美麗，景色宜人。香港這個生機勃勃、繁華的國際貿易中心，金融與自由貿易中心盡收眼底。

▲ 凌霄閣

► 白天的維港

◄ 入夜的維港

中銀大廈

◄ 香港中國銀行大廈，由貝聿銘設計，1990 年完工。地上 70 層，樓高 315 米，加頂上兩杆的高度共有 367.4 米。建成時是香港最高的建築物，外形像竹子「節節高開」，象徵着力量、生機和銳意進取的精神

環球貿易廣場

◄ 香港環球貿易廣場是一座 118 層高的綜合大樓。其可用樓層的水平高度達 490 米，實際高度則為 484 米。2011 年落成時為全球第四高、全港第一高的建築物

玩轉香港島

「購物天堂」銅鑼灣

從太平山頂下來，可到大小商鋪鱗次櫛比的銅鑼灣商業街，感受都市的繁華。

如果你從九龍過來，則可穿過海底隧道或者乘輪渡，開啟你的「購物天堂」之旅。

▲高樓林立的銅鑼灣

▲「鬧市取靜」的最大公園——維多利亞公園

對比下銅鑼灣和曼哈頓第五大道，看看誰更靚？

◀第五大道是美國紐約市曼哈頓區的中央大街（南北向），南起華盛頓廣場公園，北抵第138街。道路兩旁多是比肩而立、流光溢彩的高樓大廈

在銅鑼灣，不可不到香港回歸紀念廣場。

1997 年香港回歸祖國時，國務院贈送的純金紫荊花就坐落在這個紀念廣場。

夜幕降臨，你還可以在附近搭乘天星小輪，徜徉維多利亞海灣，欣賞美麗的維港夜景。

香港特區的區旗與區徽

區旗：香港特別行政區區旗所使用的紅旗代表祖國，白色紫荊花代表香港，紫荊花紅旗寓意香港是祖國不可分離的一部分，並將在祖國懷抱中興旺發達。花蕊上的五星象徵香港同胞熱愛祖國，旗、花分別採用紅、白不同顏色，象徵「一國兩制」。

區徽：香港特別行政區區徽呈圓形，除周圍寫有「中華人民共和國香港特別行政區」和「HONG KONG」的標準字樣外，中間也是紅底白色五星紫荊花蕊圖案，其寓意與區旗相同。

在香港特別行政區，凡國旗與區旗、國徽與區徽同時懸掛時，應當將國旗或國徽置於較突出的位置。列隊舉持國旗和區旗時，國旗應在區旗之前，並列懸掛國旗和區旗時，國旗在右，區旗在左。

Happy 樂園

　　填海造陸，為土地、空間資源超級緊張的香港島創造了新的生機與活力。

　　小朋友們喜愛的遊樂場所（如海洋公園、科學館、博物館等）大都建造於此。

海洋公園

科學館

▲文化博物館

◀歷史博物館

　　當然，銅鑼灣以外也有許多地方由填海建成。新界大嶼山的香港國際機場、小朋友們的最愛——香港迪士尼樂園的一部分，都是填海而來的！

▲迪士尼樂園

▲香港國際機場

城市祕籍——圖畫香港

香港太好玩了！這次「旅行」，時間雖然很短，但很多地方都給人留下了深刻印象，我想把這些地方和線路，在地圖上畫出來，推薦給你！

請查一查香港地圖，在地圖上畫出你喜歡景點的路線吧。

如何感受香港的魅力呢？請你推薦一下！

推薦項目：

優美指數：
☆ ☆ ☆ ☆ ☆

動感指數：
☆ ☆ ☆ ☆ ☆

香港島
①太平山頂
②中銀大廈
③金紫荊廣場
④海洋公園

九龍半島
⑤黃大仙廟
⑥香港歷史博物館/香港科學館
⑦香港文化中心/香港太空館

新界
⑧香港濕地公園

離島
⑨香港迪士尼樂園
⑩香港國際機場

遊完東方之珠香港，我們不妨坐快艇去造訪隔海相望的澳門！

世界文化遺產——澳門

遊子回家

1925年，在美國留學的聞一多為祖國七個被列強奪走的「孩子」創作了《七子之歌》組詩，思念「與中華關係最親切的七地」。而「七子」之首就是澳門。在澳門回歸慶典上，一首根據組詩所作的《七子之歌·澳門》的歌曲，深深打動了每一位中華兒女的心。

▶ 聞一多

七子之歌·澳門

你可知「MACAU」不是我真名姓？
我離開你的襁褓太久了，母親！
但是他們擄去的是我的肉體，
你依然保管着我內心的靈魂。
三百年來夢寐不忘的生母啊！
請叫兒的乳名，叫我一聲「澳門」！
母親！我要回來，母親！

▼ 澳門

電視紀錄片《澳門歲月》主題曲

　　《七子之歌》是詩人聞一多的代表作。詩人有感於部分國土「失養於祖國，受虐於異類」，「因擇其中與中華關係最親切的七地，為作歌各一章，以抒其孤苦亡告，眷懷祖國之哀忱」。大型電視紀錄片《澳門歲月》主題曲也使用了《七子之歌·澳門》。1999 年 12 月 20 日，澳門回歸時即用這首歌作為慶祝晚會的主題曲。

03:47 / 10:00

七子之歌·香港

我好比鳳闕階前守夜的黃豹，
母親呀，我身份雖微，地位險要。
如今獰惡的海獅撲在我身上，
啖着我的骨肉，嚥着我的脂膏；
母親呀，我哭泣號啕，呼你不應。
母親呀，快讓我躲入你的懷抱！
母親！我要回來，母親！

在這首詩中，香港與澳門相似的經歷是甚麼？

23

百年回家路

澳門，是如何被人擄走的？

隨着歐洲殖民主義「航海大發現」的擴展，16 世紀中葉葡萄牙人就到達了中國東南沿海一帶。從 1553 年開始，葡萄牙人通過向明代官員行賄等不正當行為，一步步蠶食了澳門。

1553年，葡萄牙人借口晾曬水浸貨物，強行進入澳門。

1557年，葡萄牙通過賄賂明代官員，取得在澳門的定居權。

19世紀五六十年代，葡萄牙人先後侵佔了氹仔島和路環島。

▲葡萄牙人初登澳門，在廟門前面的海灘上岸

▲葡萄牙人詐稱商船遇到風暴，要在澳門「晾曬貨物」，以此名義登上澳門

▲葡萄牙人還賄賂明代官員，以借為名強佔了澳門

▲葡萄牙人還在澳門自行設置了官吏

1887 年（即光緒十三年），內外交困的清政府被迫簽訂中葡《友好通商條約》，同意葡萄牙「永駐管理澳門」。

1999 年，繼香港回歸之後，澳門也終於回歸祖國懷抱。至此，流散四百多年的遊子終於全部回家了！

不同的時間，回「家」的感受是否相同？

▲ 香港回歸（1997年7月1日）　▲ 澳門回歸（1999年12月20日）

澳門的區旗與區徽

　　澳門特別行政區的區旗、區徽是繪有五星、蓮花、大橋和海水的綠色旗幟。五星表明澳門是中華人民共和國不可分割的組成部分；三朵含苞欲放的白蓮花代表澳門特區由澳門半島、氹仔島和路環島組成，大橋和海水反映澳門的自然環境；綠色象徵着生機的祖國。

香港、澳門特別行政區有哪些「特別」的權利？

▲ 澳門回歸十週年展

25

「MACAU」不是真姓名

「MACAU」與媽祖

澳門古稱濠鏡澳。那麼，澳門 MACAU 的音譯又是如何來的呢？

傳說，當葡萄牙人抵達澳門時，向當地人打聽地名，當地人居然以為其問的是附近供奉媽祖的廟宇，於是回答「媽閣」。廣東話「閣」與「交」的發音相似，葡萄牙人聽成「馬交」，便以其音譯而成「MACAU」。

媽祖是澳門漁民非常敬仰的女神，這種崇拜延續至今。每年全球華人蜂擁而來，祭拜媽祖，反映了港澳台及海外同胞與祖國的血脈相聯。

保佑航海安全的媽祖

媽祖又稱天妃、天后、天上聖母、娘媽，是古代船工、海員、旅客、商人和漁民共同信奉的神祇。古代在海上航行的船隻，由於經常受到風浪的襲擊而船沉人亡，船員的安全成為航海者的首要問題，他們把希望寄託於神靈的保佑。在船舶啟航前要先祭天妃，祈求保佑順風和安全，在船舶上還立天妃神位供奉。

▲ 媽祖

▲ 媽祖文化旅遊節

▲ 澳門媽祖閣

城市攻略——港澳交通小調查

港澳的港口地理特徵，決定了兩地之間海上往來頻繁。

歷史上港澳兩地曾同屬廣東省。即便被迫割讓之後，兩地與內地的聯繫也從未中斷。回歸後，為了加強聯繫，三地聯合建設了全長 50 多公里、造價逾 700 億港元的港珠澳大橋。我們對往來三地的交通方式來個小調查吧。

港澳交通小調查

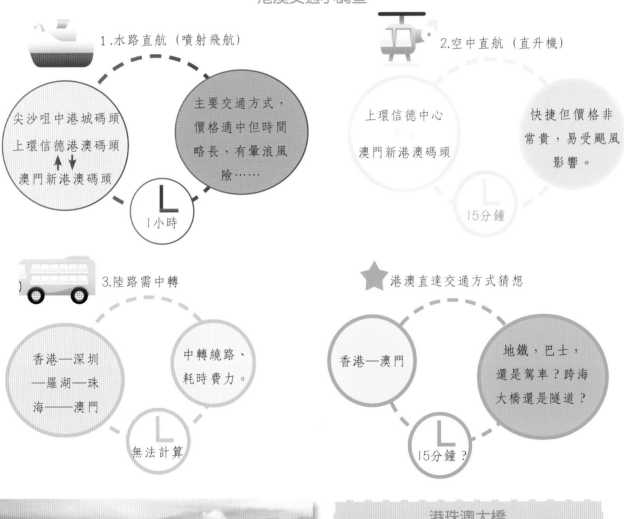

1. 水路直航（噴射飛航）

尖沙咀中港城碼頭
上環信德港澳碼頭
↑↓
澳門新港澳碼頭

主要交通方式，價格適中但時間略長，有暈浪風險……

1 小時

2. 空中直航（直升機）

上環信德中心
澳門新港澳碼頭

快捷但價格非常貴，易受颱風影響。

15 分鐘

3. 陸路需中轉

香港—深圳—羅湖—珠海——澳門

中轉繞路、耗時費力。

無法計算

★ 港澳直達交通方式猜想

香港—澳門

地鐵，巴士，還是駕車？跨海大橋還是隧道？

15 分鐘？

港珠澳大橋

港珠澳大橋，以公路橋的形式連接香港、珠海和澳門，已建成通車，開車從香港到珠海的時間由過去的三個多小時縮減為半個多小時。

◀ 港珠澳大橋

從「大三巴」玩起

「三巴」與「聖保羅」

到澳門，一定要到大三巴。因為，大三巴是澳門的精彩名片。

「三巴」是葡萄牙文「聖保羅」的音譯。大三巴牌坊是天主之母教堂（即聖保羅教堂）正面前壁的遺址，位於澳門大三巴街附近的小山丘上。因為它的形狀與中國傳統牌坊相似，所以俗稱「大三巴牌坊」。2005 年它與澳門歷史城區一同成為聯合國世界文化遺產。

▲ 中國式牌樓

▲ 大三巴

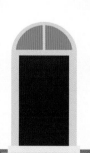

大三巴牌坊的建築

大三巴牌坊的建築由花崗石建成，寬23米，高25.5米，上下可分為五層，自第三層起往上至頂部是一底邊寬為8.5米的三角形山花。這座中西合璧的石壁在全世界的天主教教堂中是獨一無二的。

中國第一所西式大學

聖保羅教堂附屬於聖保羅學院。該學院於1594年成立，1762年結束，是中國第一所西式大學，設文法學部、人文學部、倫理神學部等。由其培養的傳教士，除到日本、中國內地外，還到越南、泰國、柬埔寨等地傳教。

有些地方「不能去」

號稱「東方蒙地卡羅」的澳門，經濟很大程度上依賴於旅遊業和博彩業。其中，博彩業收益一直佔澳門本地生產總值的一大半，支撐着政府七成以上的收入。

澳門現有幾十間娛樂場（賭場），大部分集中在澳門新口岸，即在港澳碼頭—友誼大馬路—葡京酒店沿線一帶。

▲ 葡京酒店

博彩業的繁榮也帶來了許多社會問題。澳門採取了許多應對措施。比如，法律規定，學生、公務員不得踏足賭場。

▼ 賭場

▼ 網吧

▼ 遊戲廳

政府公務員不能去賭場

從1931年開始，據澳門《政府公報》724號訓令所示：任何文、武職員禁止進入賭博場地，但執行公務時或按照習俗進入則不受限。澳門公務員現除春節三天（農曆年正月初一至初三）假期外，平日均不能踏足賭場。

葡萄牙風情

澳門的旅遊業非常發達。一個重要原因可能是
這個東方之都有着濃濃的葡萄牙風情。

直到今天，葡萄牙文仍然是澳門特區政府除
中文之外的官方語言。因此大街上到處可見
葡文標誌。除此之外，澳門人口中的盧西
塔尼亞人（羅馬時期的古葡人）特徵、澳
門歐陸建築更是隨處可見。

▲ 議事亭前地廣場地磚圖形像層層
　海浪

▲ 聖若瑟修院聖堂，2005年「澳門歷史城區」列入
　《世界遺產名錄》，成為中國第31處世界遺產

走在古城區蜿蜒狹窄的小巷，古跡搖身變成當地的民政總署、圖書館、快餐店……這些建築
都是殖民時期留下來的，現在都已有了其他功能。它們不僅是古跡，也是當地居民生活的重心。
周圍巷弄裏，還有許多味道不錯的葡式料理、澳門小吃等着遊人去品嚐呢！

澳門明天更美好

「一國兩制」在香港、澳門的實踐，堪稱成功的範例。澳門回歸後，經濟社會發展日新月異。

澳門回歸「成績單」

背靠政治穩定、經濟騰飛的祖國內地，依託中央支持，面積只有近30平方公里的澳門特區，在回歸22年以來，已經飛速發展成為一個國際知名的魅力之都。

◀ 澳門塔

▼ 澳門遠眺

想像一下：澳門未來會怎樣？

▲ 營地街市

近些年，澳門與內地、香港的交流合作日益頻繁、緊密。為了促進澳門的進一步發展，中央政府決策，支持澳門特區在珠海的橫琴島建設澳門大學新校區及澳門新城區。

可以預想，有澳門人的勤勞智慧，加上中央政府的堅定支持，澳門的明天一定會更加美好。

▼ 橫琴島

◀澳門大學

橫琴島澳門大學新校區

澳門大學新校區位於橫琴島東部沿海區域，與澳門隔水相望，佔地約一平方公里。澳門與橫琴校園之間由一條24小時全天候運作的隧道連接。新的校區面積比現有校園大20倍左右，可容納至少一萬名學生。

澳門「版圖」擴大了，海陸面積增加數倍！
澳門回歸16周年之時，中央送了份大禮給澳門。

　　2015年12月，李克強總理簽署國務院令，
公佈《中華人民共和國澳門特別行政區行政區
域圖》。新行政圖為澳門劃定了水域，管理海
域面積為85平方公里，明確了陸地界線，將
關閘澳門邊檢大樓地段劃入特區。由於歷史原
因，澳門的區域範圍從來不包括附近海域。
（改編自《人民日報》，2015年12月21日01版）

▲ 港珠澳大橋

澳門面積擴大
後，可以……

▼解決內港水浸問題

▼發展海上航運

還有……

▼填海造陸

33

我的家在中國・城市之旅 ⑧

血脈相連
一家人│台北、香港、澳門

檀傳寶◎主編　王小飛◎編著

責任編輯：楊安琪

裝幀設計：龐雅美

排　版：龐雅美　鄧佩儀

印　務：劉漢舉

出版 / 中華教育

香港北角英皇道 499 號北角工業大廈 1 樓 B

電話：（852）2137 2338

傳真：（852）2713 8202

電子郵件：info@chunghwabook.com.hk

網址：https://www.chunghwabook.com.hk/

發行 / 香港聯合書刊物流有限公司

香港新界荃灣德士古道 220-248 號

荃灣工業中心 16 樓

電話：（852）2150 2100

傳真：（852）2407 3062

電子郵件：info@suplogistics.com.hk

印刷 / 美雅印刷製本有限公司

香港觀塘榮業街 6 號

海濱工業大廈 4 樓 A 室

版次 / 2021 年 3 月第 1 版第 1 次印刷

©2021 中華教育

規格 / 16 開（265 mm × 210 mm）